生命日记

藤本植物

牵牛花

王艳 编写

吉林出版集团股份有限公司 全国百佳图书出版单位

图书在版编目(CIP)数据

生命日记. 藤本植物. 牵牛花 / 王艳编写. -- 长春:
吉林出版集团股份有限公司, 2018.4

ISBN 978-7-5534-1415-7

Ⅰ. ①生… Ⅱ. ①王… Ⅲ. ①牵牛花-少儿读物
Ⅳ. ①Q-49

中国版本图书馆 CIP 数据核字(2012)第 317390 号

生命日记·藤本植物·牵牛花

SHENGMING RIJI TENGBEN ZHIWU QIANNIUHUA

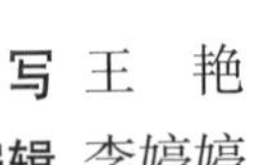

编　　写 王　艳
责任编辑 李婷婷
装帧设计 卢　婷
排　　版 长春市诚美天下文化传播有限公司
出版发行 吉林出版集团股份有限公司
印　　刷 河北锐文印刷有限公司
版　　次 2018 年 4 月第 1 版　2018 年 5 月第 2 次印刷
开　　本 720mm × 1000mm　1/16
印　　张 8
字　　数 60 千
书　　号 ISBN 978-7-5534-1415-7
定　　价 27.00 元
地　　址 长春市人民大街 4646 号
邮　　编 130021
电　　话 0431-85618719
电子邮箱 SXWH00110@163.com

目 录

Contents

目 录

Contents

目 录

Contents

目录

Contents

牵牛花

牵牛花属于旋花科牵牛属，为一年生或多年生草质藤本植物，原产于热带地区，现在广泛分布于热带和亚热带地区。牵牛花盛开的花朵形似喇叭，因此又被称为“喇叭花”，花语是爱情永固。

我叫牵牛花

5月2日　周三　晴

今天，万里无云，天气特别好，我和兄弟姐妹们被小主人带回家。我有新家了，心情特别好。我叫牵牛花，据说我的名字来源于一个古老的传说。俗语所说的“秋赏菊，冬扶梅，春种海棠，夏养牵牛”中的这个牵牛说的就是我。别看我长得细细弱弱，花也开得平平常常，但却受到很多人的喜爱，可以说是大名鼎鼎。我喜欢在早晨开花，所以也有人叫我“朝颜”，听起来很容易联想到古时候的美女吧。现在我还是一粒小小的、黑黑的种子，不过，我会努力地长大，爬到高高的地方，开出美丽的花朵。为我加油吧！

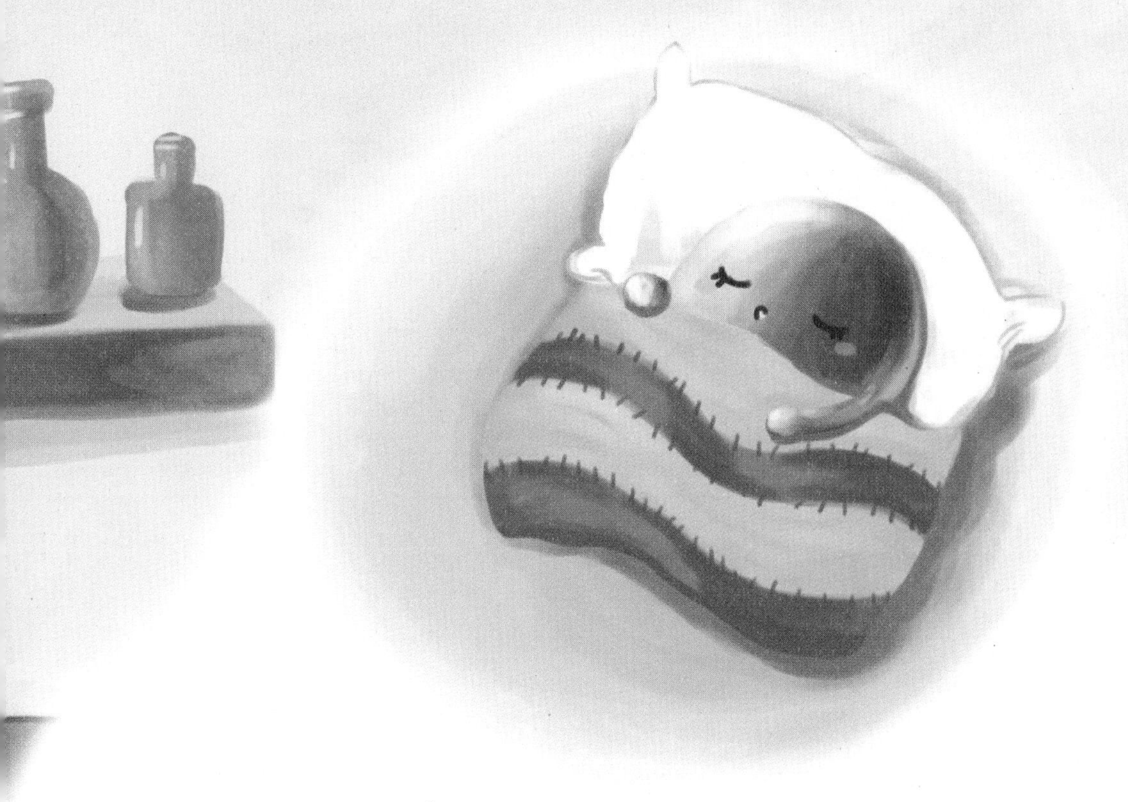

洗澡的感觉真好

5月3日 周四 晴

今天，小主人给我准备了暖暖的洗澡水。我爱洗澡，皮肤好好！我现在的衣服是黑色的，还有一点儿硬，穿在身上很暖和，就是活动起来有些不方便。泡在暖暖的水里，身上的脏东西都被洗掉了，我变得干干净净。而且，在水里泡了一段时间后，我的衣服也开始变软了，即使动来动去，也很贴身。开始我还很担心，这件厚厚的衣服会紧紧地勒住我，让我长不大，现在一点儿都不担心了。我和姐妹们一起在水里开心地嬉戏。你猜猜，我们要在水里泡多长时间？告诉你吧，要四五个小时。洗完澡，我被小主人放到一张暖暖的、湿湿的小床上。我有些困了，明天见！

我住进了新家

5月4日 周五 多云

今天，我很激动。我就要被种到土壤里去了，这是我生命的重要一步。我还有那么一点点紧张，我将来会变成什么样子呢？小主人给我选择了新家——一个很漂亮的花盆。小主人往花盆里装入一些配制好的土壤，然后小心翼翼地把我和另外 3 粒牵牛花种子放到土壤上，又在我们身上盖上了一层土壤做被子，轻轻地压一压，被子变得更暖和了。小主人还用喷壶为我们浇透了水，这样，这段时间我们就不会渴了。小主人，谢谢你！我们会努力成长的，让我们一起加油吧。

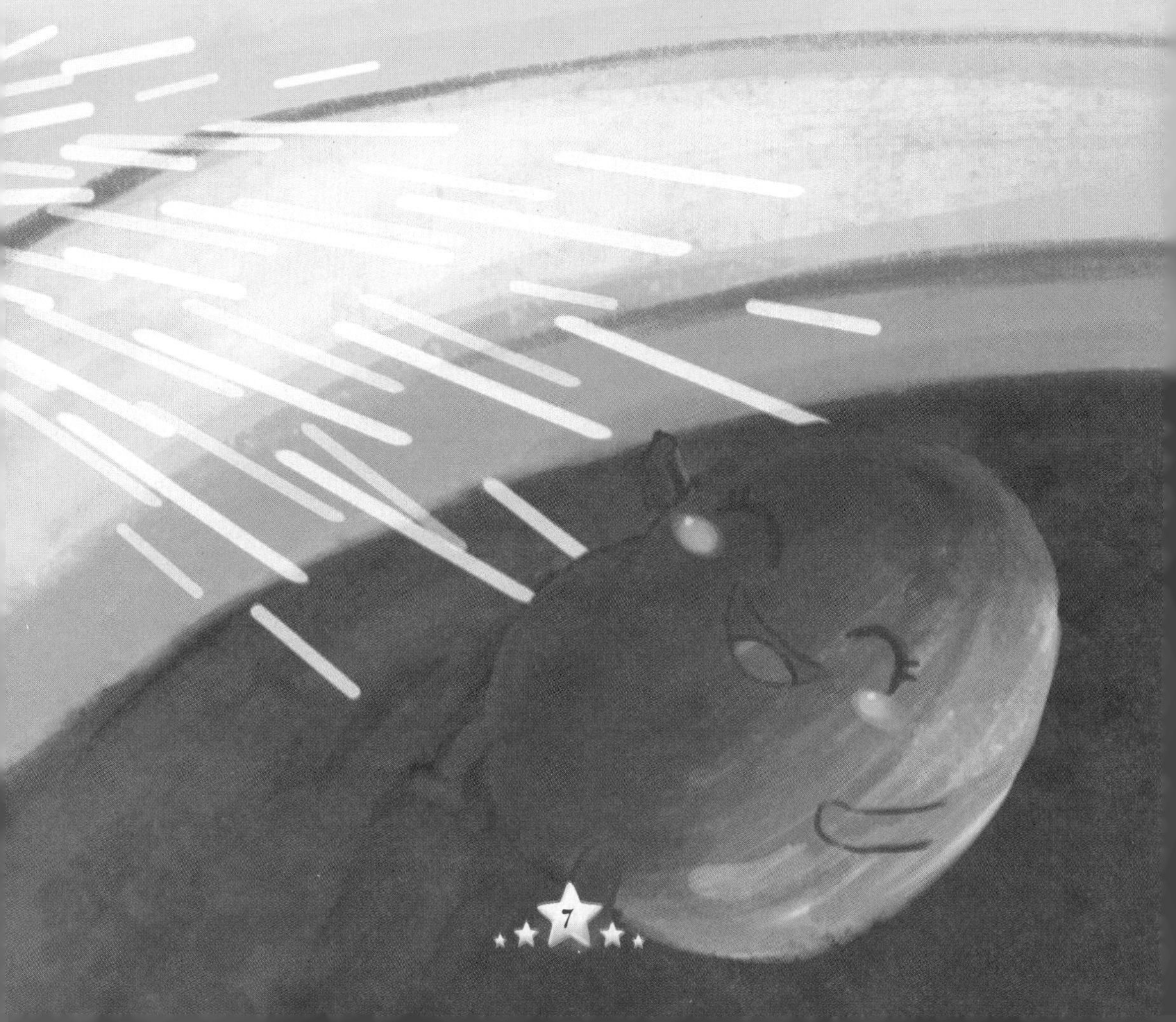

请别打搅我

5月5日　周六　晴

我睡得沉沉的，突然被说话的声音惊醒。我努力地把眼睛睁开一条缝，哦，原来是小主人。小主人啊，我知道你是在关心我，可是这两天我真的是好困啊。请原谅，我不能和你说话，现在只想好好地睡觉。其实你不用担心我，我就算连着睡上好几天，也没有什么问题，这是我成长的一个过程。等我睡饱了，就会起来喽。小主人，过几天再来找我玩吧！

我为发芽做好准备

5月6日　周日　晴

睡得好香啊，我伸了个懒腰。天气这么好，我可不能只睡觉，我要做一个勤快的孩子，活动一下身体，为发芽做好准备。发芽是我成长的第一步，这一步对于我的一生来说是非常重要的。如果在发芽的时候没有吸足养分，做好破土准备，我很可能要长得瘦瘦的、小小的，将来也就无法成为一株漂亮的牵牛花。所以，小主人，这段时间你要好好地照顾我，帮我迈出成长的第一步！

我感到身体有些不适

5月7日　周一　晴

今天万里无云，太阳高高地挂在空中，小主人把我生活的小花盆搬到了洒满阳光的院子里，想让我晒晒太阳。可是，小主人，我现在还没有发芽，如果暴露在阳光下，土壤中的水分很快就会被蒸发掉，温度也会变得很高，这些都会

让我不能发芽。而且在长成小芽的过程中，我本来就不是很喜欢阳光。事情果然发生了，我感到很不舒服，喘不过气来。好在小主人及时纠正了错误，把我放回了没有阳光直射的地方。是啊，我最喜欢这种温度不高不低的地方了。

我的衣服变小了

5月8日　周二　晴

清晨醒来，我觉得衣服变小了，紧紧地箍在身上。我觉得身上热热的、胀胀的，也许这是我开始长大的缘故吧。今

天一整天，我都觉得很渴，好在小主人在播种时为我浇足了水，否则真不知我会渴成什么样子。我想，随着我的长大，这件衣服一定会被弄破，虽说有一点儿可惜，但这也算是成长的代价吧。噢，我的脚真的弄破了衣服，伸到外面去了。

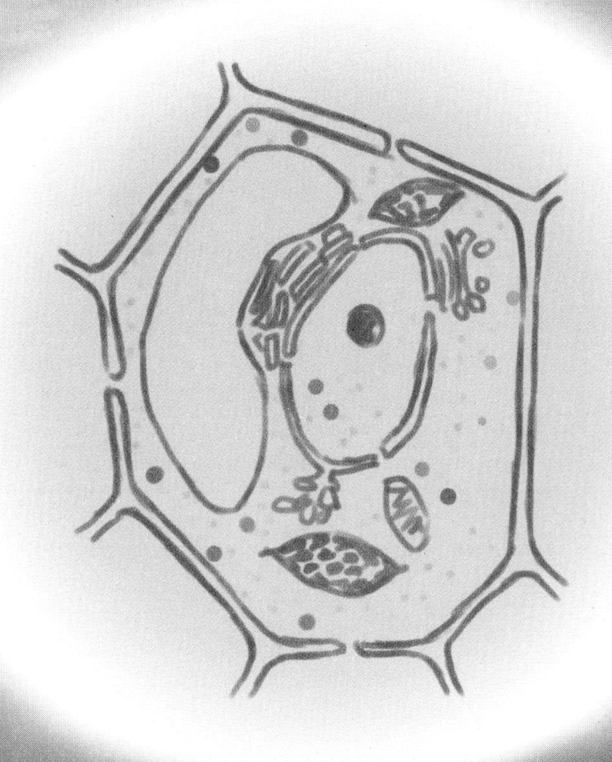

我开始长大了

5月9日　周三　多云

我现在时时刻刻都能感觉到自己在成长，组成我躯体的细胞在一点点地变大。我仔细观察了一下身上的细胞，它们是那么的小，可是就是这些小细胞组成了我的身体，我所有的生命活动都是由这些小小的细胞完成的。据说，还有一些结构非常简单的植物只有一个细胞。我身体里究竟有多少个细胞，我也不知道，只知道它们结构复杂。具有不同生理功能的细胞，它们的形状和大小也不太一样。

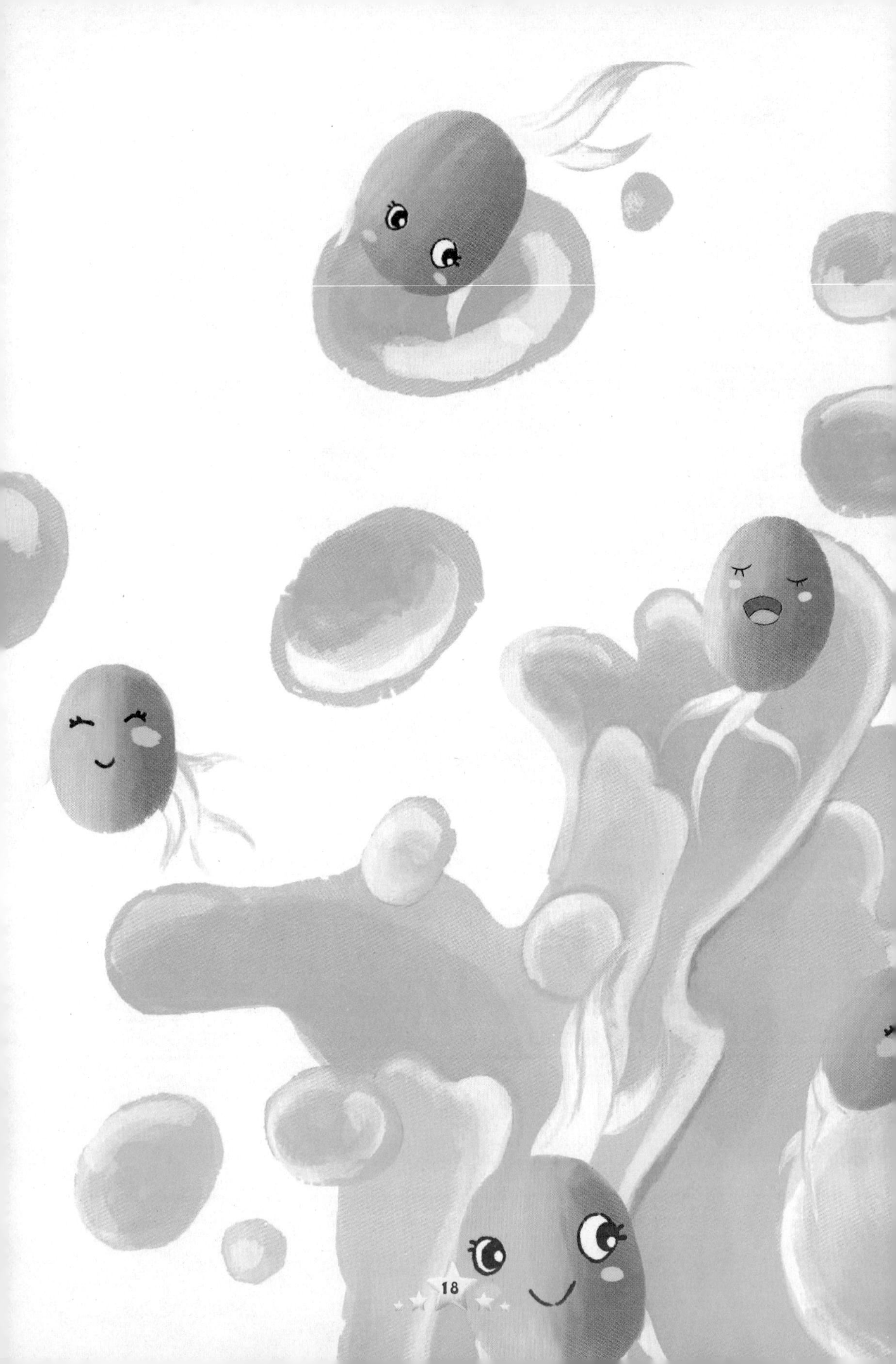

我又长大了一些

5月10日 周四 晴

我的细胞由一个变成两个，两个变成四个，四个变成八个……就这样慢慢地形成了好多好多的细胞。在细胞数量增加的同时，每个细胞的体积也在慢慢地变大。数量持续增加的细胞会出现在一些特定的部位上，形成细胞群，即“分生组织”。正是由于分生组织的存在，我才可以长高、长胖。这个过程是我生长发育的基础。

我的器官形成了

5月11日 周五 晴

就像不同的人会做不同的工作一样，来源于同一个细胞的众多细胞会在形态、结构和生理功能方面变得互不相同。形态、结构和生理功能相同的细胞会聚在一起，形成细胞群，然后形成组织，最后形成器官。随着我的成长，我体内会形成各种各样的器官。

我把衣服撑破了

5月12日 周六 晴

早晨醒来，我发现身体又长大了一些，衣服已经更破了，手和脚触摸到了土壤。四周黑漆漆的，什么都看不清，但我还是知道脚应该朝哪个方向伸，头应该朝哪个方向拱。我努力地伸展着身体，体内也仿佛有一股力量在催促着我快点儿成长。我体内的细胞也各显神通，体积能变大的努力变大，数量能增加的努力增加，各种组织和器官也在努力地形成。

我变成了一株幼苗

5月13日　周日　晴

外面的世界是个什么样子呢？我一直生活在土壤中，四周一片漆黑，多么想看看外面的世界啊。我幼小的根紧紧地抓住土壤，让身体努力地向上伸展。随着向上成长，我感觉到周围的空气越来越多，呼吸变得顺畅起来，而且还隐隐约约地看见了一丝丝光亮，外面的声音也变得清晰了。我不停地努力着，终于钻出了土壤。阳光洒在我身上，暖暖的。小主人，你看见我了吗？

我长出了两片子叶

5月23日　周三　晴

今天，小主人把我搬到洒满阳光的窗台上。我现在还只是一株小小的幼苗，茎细细的，子叶小小的，裂成两瓣。我还只有两片子叶，可远处看却好像是四片。两片子叶并在一起，有点儿像一只小蝴蝶落在茎尖上。和煦的阳光洒在身上，微风徐徐吹来，我仿佛变成了一只绿色的蝴蝶，轻轻地摇动着。也许有一天我真的会遇到蝴蝶，我要努力长大，和它做个好朋友。

我喜欢清新空气

5月25日　周五　晴

终于可以自由顺畅地呼吸了，晚上还能举头遥望满天的繁星，我的感觉特别好。事情是这样的，小主人非常喜欢我，白天为我浇水，晚上睡觉的时候，也把我放在了他的床头，想和我一起睡觉。其实这是不对的，我呼吸的时候也需要吸入氧气，呼出二氧化碳，这样就会和小主人争夺卧室中的氧气。幸亏小主人及时纠正了这一错误，把我搬回到阳台上，让我重新回到大自然的怀抱中。

我长出了侧根

5月26日　周六　晴

蓝天白云，微风和煦，我的身体在风的吹拂下轻轻地摇动。我好像又长高了，根也扎得更深了。我的主根上生出了好多细小的侧根。我的根扎在黑黑的土壤中，可以很准确地知道，哪里有缝隙，可以将根伸过去，继续生长。我的根就这样在土壤中一点点地移动着。忽然，我的根碰到了一块湿湿的土壤。太好啦，正好可以在这儿好好地喝点儿水，补充一些水分。小主人真好，他在水中加入了我需要的各种营养。我要多喝些水，多吸收一些养分，快点儿长大。

我站得更稳了

5月28日　周一　多云

清晨起来，觉得脚底有些不舒服。隔着厚厚的土壤什么都看不见，但凭感觉，应该是新长出的根不守规矩，和老根缠到了一起。这样可不好，如果这么多根不按规矩生长，会导致它们不能充分地吸收土壤中的营养，我就得饿死、渴死。还有一些不太听话的小根，觉得地下太挤，居然想向上生长。好在小主人及时发现了这个问题，往花盆里又加了一些土。这样，我的根都有了自己的活动空间，我也会站得更直更稳。

我长出了真叶

5月29日 周二 晴

早晨，我在清凉的微风中醒来。天气真好，我轻轻地摇动着身体，做起了早操。唉呀，我长出了两片和以前不一样的叶子。以前的两片小叶子，就像是蝴蝶的两片翅膀，而现在的叶子，却是一个小小的心形。小主人说，这是我真正的叶子，我以后的叶子都会长成这个样子。长出真叶，是我成长的表现。虽说现在还只有两片，但是我会长得越来越高，会慢慢地长出很多的叶子。小主人，心形的叶子就是我的心意，你有没有看见?

我的根变得粗壮了

5月30日　周三　小雨

我的根在不停地生长着。它很长，但生长的只是根尖的那一段。我能感觉到，根尖每天都在伸长。土壤的缝隙很小，我需要努力地挤，才能让根变长变粗。根的表皮与土壤磨来磨去是很痛苦的，可是没办法，这就是成长的代价。好在根的最前端有个类似帽子的部分，能够保护根尖不受伤害。这顶“帽子”磨坏了以后，还会长出新的“帽子”。这顶“帽子”帮助我快乐地成长。谢谢你，我的“帽子”。

我冲了一个凉水澡

6月1日 周五 晴

夏天来了，天气好热啊！中午，小主人端来一盆水，浇到我身上。自来水真的好凉啊，让我一下午都没暖和过来。阿嚏！千万别感冒啊。小主人，夏天浇水，一定要把水困上一段时间，而且千万别中午浇，否则会让我感冒的。我忽冷忽热地度过了一整个下午。好在我的体质还不错，很快没事了。

我不停地出汗

6月2日 周六 晴

天气真热啊，即使静静地待着，也会不停地出汗。我的叶子上不时会覆上一层薄薄的水珠，然后又消失不见了。为了补充叶片上流失的水分，我需要不停地喝水。小主人，千万别忘了经常给我浇水啊，假如身体里的水分都变成了汗水，我可就成干标本了。下午的时候，小主人朝我身上喷了很多水。真是太好了，好凉爽啊。小主人，你真是我的好伙伴。

我的叶子变得漂亮了

6月3日 周日 晴

今天，我最大的那片叶子完全展开了，它是一个很完美的心形。叶子长在茎的两侧，靠一个短短的叶柄牢牢地连接在茎上。差不多一片叶子长在左边，另一片叶子就会长在右边，非常有规律。叶子上还长出了一些细细的、小小的绒毛，在阳光的照耀下，闪闪发光。

我又长出了一片叶子

6月5日　周二　晴

今天好无聊啊，无事可做。茎最上端长出了一个小包，我不会是生病了吧？我紧紧地盯着这个小包，发现它慢慢地变大了。怎么那么眼熟呢？哦，原来是我又长出了一片叶子。整个一个下午，我都聚精会神地盯着这片叶子。到了傍晚时分，我发现小叶片居然长大了一圈，而且变厚了，颜色也更加绿了，变得更加结实了。小主人，看来我又成长了，祝贺我吧！

我感觉到了震动

6月5日 周二 晴

今天天气很好，小主人决定把我移到阳光更好、更通风的地方去。不过小主人毕竟还是个孩子，在移动的时候，没有拿稳，重重地把我扔到了新地方，虽说花盆没有损坏，可我却被震得晕晕的。不要以为植物就没有感觉，我对震动、碰触，甚至光线都是有感觉的。受到震动，我也会晕晕的；受到触摸，我也会痒痒的。将来我开花了，花朵会在早晨开放，晚上闭合，这些都说明我是有感觉的。小主人，下次你一定要当心啊！

我能进行光合作用了

6月7日　周四　晴

今天天气晴朗，空中飘浮着朵朵白云，金色的太阳高悬在空中。我伸开绿色的叶片，享受着阳光的照耀。我能感觉到氧气从我体内流向大气，我周围的空气也格外清新。我们

绿色植物都有一种本能，能够将二氧化碳和水在体内合成有机物质，同时还能释放出氧气。我们的这种本能，为生活在地球上的人类和动物提供了他们赖以生存的氧气。因此，绿色植物又被称为“绿色工厂”“空气净化器”。小朋友们，都来种植绿色植物吧，这会让地球变得更加美好。

我的叶子是绿色的

6月8日　周五　多云

今天上午，小主人一直在仔细地观察我的叶片，好像在寻找着什么。噢，原来他是对叶片的绿色产生了兴趣。那么我来告诉你吧，我的叶片中生有许许多多的叶绿体，它是绿色的，所以我的叶片也是绿色的。绿色植物的光合作用就是在叶绿体中进行的，它才是名副其实的“绿色工厂”。

别看叶绿体很小，可结构却很复杂。叶绿体有两层膜，就像两件衣服一样穿在叶绿体的身上。两层膜中间还有一些可以流动的淡黄色物质。它们都与光合作用有很重要的关系。

当然，叶绿体还含有很多其他成分。小主人，你该吃午饭了，我们下次再聊吧！

我就像一个小小的加工厂

6月9日　周六　晴

小主人，我们接着聊，今天聊一下植物光合作用的过程。是这样的，最开始我要接受阳光的照射，吸收太阳光中的光能。吸收了这些光能，我的身体就会变得暖暖的，然后我会把这些光能转换成电能。当然，别担心，它们的能量非常微小，对人没有任何影响。在酶的参与下，二氧化碳发生了一系列的变化。我就好像是一个加工厂，各种各样的原料通过一个个步骤，产品最终被生产出来。光合作用的产品就是有机物质和氧气。小主人，很神奇吧。

我的心情很沉闷

6月10日　周日　阴

今天，天空阴沉沉的，好像要下雨。我感到很不舒服，身上一点儿力气都没有，呼吸也不很顺畅。是怎么回事儿，难道是阴天的缘故，它影响到了我的呼吸？可是，小主人和平时没什么两样啊？小主人好像也察觉到了什么，急忙找来

一本书寻找答案。噢，原来是这样，绿色植物的呼吸与光合作用有着密切的关系。这种呼吸必须有阳光的参与才能完成。人类没有这种呼吸形式，所以在没有阳光的环境中，我会感到呼吸不畅，而小主人却没有这种感觉。看来，植物和人类还是有许多不一样的地方。

我喝到了营养水

6月11日 周一 晴

今天，小主人买回来一些花肥，准备给我补充一下营养。他按照说明书把花肥倒入水中，搅动了一会儿，然后浇到了花盆里。我尽情地喝着这些富含营养的水，感觉自己变得有劲儿了。在微风中，我轻轻地点着头，表示着我的谢意。小主人，你看见了吗？我要再一次地表示感谢，我要长得更高，更强壮，长出好多好多的叶子，开出非常漂亮的花朵，让你为我感到骄傲。

我长胖了

6月12日 周二 晴

看到我茁壮成长，小主人非常高兴，又买回来一袋花肥，兑水浇到花盆里，还把自己喝的营养品倒在我身上。小主人，这可不对啊。人类和植物所需要的营养元素是不一样的，很多人类所需的营养植物是无法吸收的。想要给我补充营养，应该补充植物所需的各种营养元素，而且不要补充得过多，否则我会发胖，影响生长。

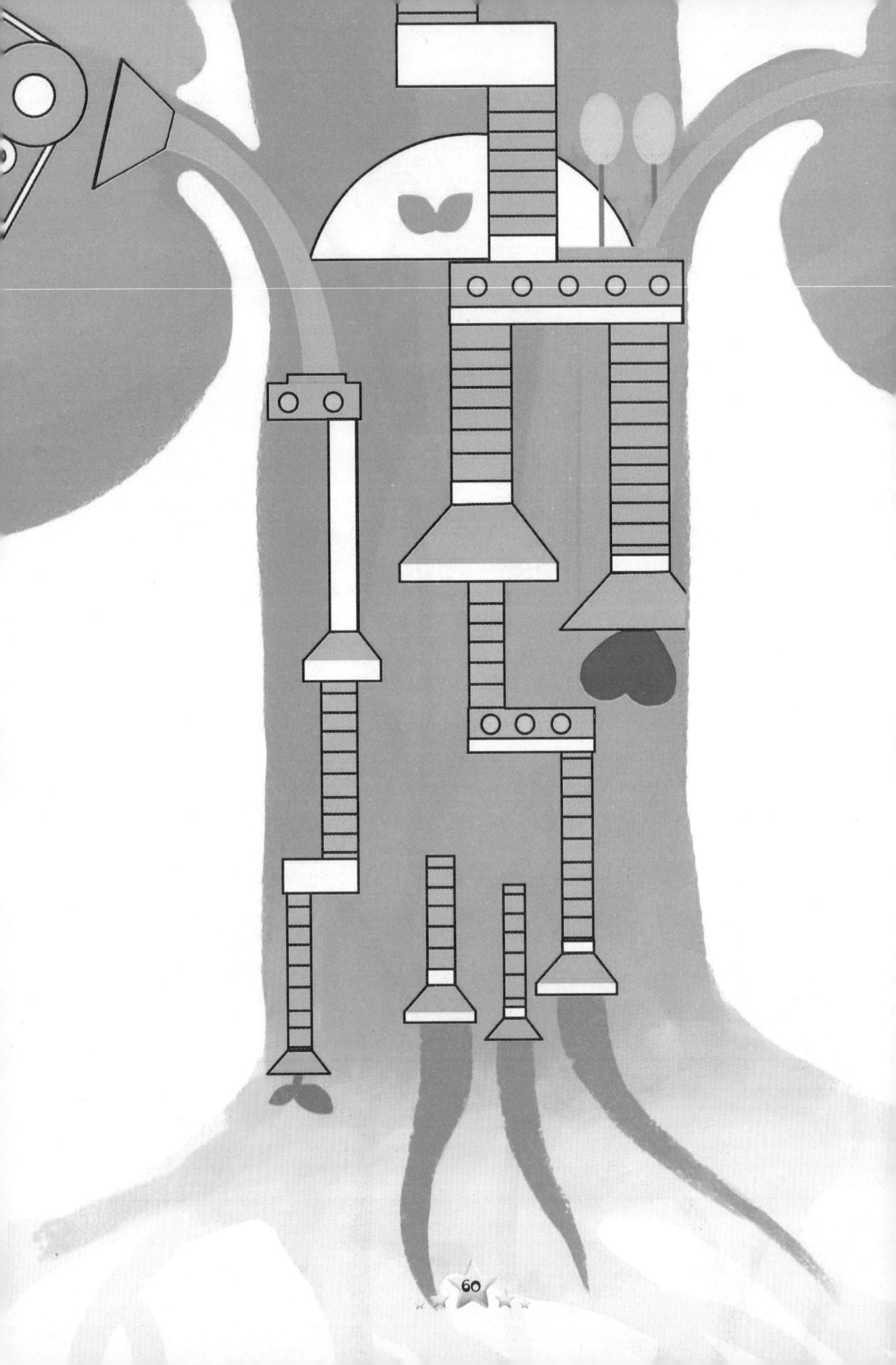

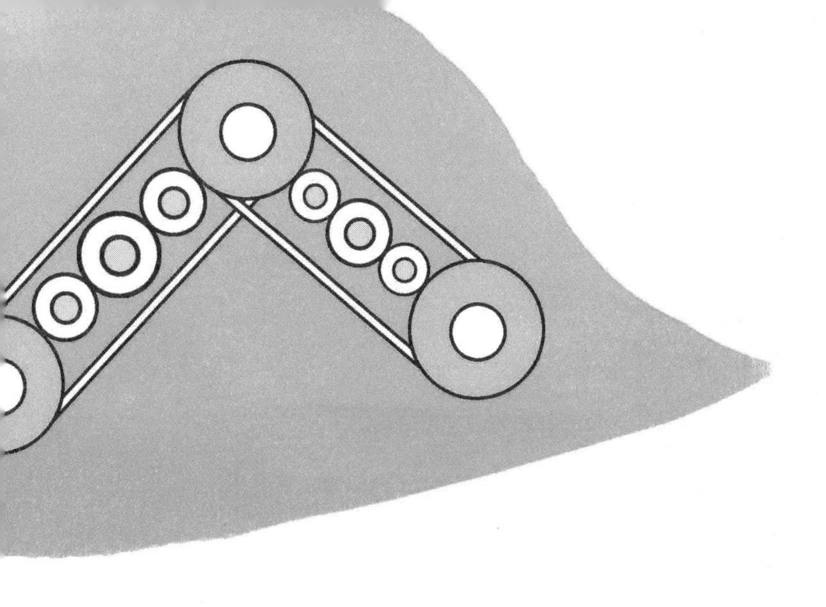

我的血液在流淌

6月13日 周一 晴

我感觉到血液在体内流淌着，各种器官也都因为它们的到来增添了力量，变得生机勃勃。其实这里大有学问。我的根从土壤中吸收了各种矿物质元素，这些元素进入我的体内后，就变成了一些小小的物体，从根向上运输到茎和叶。还有一些肥料，可以直接喷洒到叶子上，叶子也能吸收矿物质元素。无论是根吸收的营养，还是叶子吸收的营养，都会通过我体内的像血管一样的组织，运送到最需要它们的地方去。这些含有矿物质元素的液体就是我的血液，正是它们在帮助我茁壮成长。

植物离不开水

6月14日　周四　晴

今天，天气非常非常的热，我一直在出汗。到了下午，我的叶子已经蔫了，茎最上端的几片叶子垂下头来，茎也开始变得有气无力。我的根寻找了半天，也没有喝到一滴水。体内缺水，所有器官都罢工了。小主人，快来救我啊！

我住进了凉棚

6月15日　周五　晴

今天的太阳依旧大大的，空气干干的，连吸进去的空气都是热热的。小主人为了弥补昨天没有给我浇水的失误，早晨起床就给我洗了个凉水澡，还让我喝得饱饱的。虽说我的身体还没有完全恢复过来，但已经舒服多了，叶子已不像昨天那样蔫了，重新挺拔了起来。小主人还给我搭了一个小凉棚。阳光透过凉棚照到我的身上，感觉好多了。喝足了水，没有了太阳的曝晒，我会更加快乐地成长。

我要争取多制造一些氧气

6月16日　周六　晴

前几天太热了，我都没有力气制造氧气了。今天天气不错，我感觉浑身充满了力量。我要弥补前几天的失职，努力多制造出一些氧气来。我最先长出来的几片叶子颜色变得更深了，显得成熟和稳重，最近长出来的几片叶子也长大了，显得年轻而有活力。这几片新叶是制造氧气的生力军，相比之下，那几片稍老一些的叶子却显得有些力不从心。大家都要再加一把劲儿啊！

我努力地向上攀爬

6月17日　周日　晴

今天天气不错，我的心情也很好。我现在已经长高了，像是一个成年人。我的茎很细，所以总是站不直，经常随风摇来摆去。小主人发现了这个问题，找来一根竹竿插到我的身旁，再把我的茎搭在它的身上。竹竿虽然也是细细的，但比起我来却要结实得多。它直直地站立在我的身旁，好像一名哨兵。有了竹竿的依靠，我站着也不觉得累了，更主要的是我有了向上攀爬的依托，我可以爬到更高的地方去，眺望远处的风景。

今天的风好大啊

6月18日 周一 阴

大概要下雨了吧，空气都湿漉漉的，而且风也好大，吹得我快要站不住了。窗外的那棵小树，虽然枝叶随风荡来荡去，可它却笔直地站立着，真让我羡慕啊！我也想直直地站立在风中，可是我的茎太细了，只能随风歪来倒去。好在小主人在我身旁又插上了一根竹竿。

我感到呼吸不畅

6月19日 周二 晴

最近一直没有下雨，空气变得非常干燥。我呼吸起来非常费劲，要用尽全身力气吸，全身力气呼，搞得我筋疲力尽。小主人一定看出了我的苦恼，于是拿来了喷壶，在我周围喷来洒去。很快，周围的空气就变得清新了，我的呼吸也顺畅了起来。小主人，干燥天气，尤其酷暑时节，千万别忘了在我周围喷上一些水，只有这样我才能长得水灵灵的。

我体内有一条交通线

6月20日　周三　多云

我的每片叶子都是一个小小的加工厂，这里能合成好多我成长发育所需的有机物质，如糖类、脂肪、蛋白质和有机酸等。我体内还有两条运输这些物质的交通线，分别为短距离运输线和长距离运输线。根据物质最终要到达的部位，我每天都要把叶片合成的有机物质分配给两条不同的交通线。这两条交通线从来没让我失望，从不出现交通堵塞的情况。经常堵车的人类，羡慕我吧？

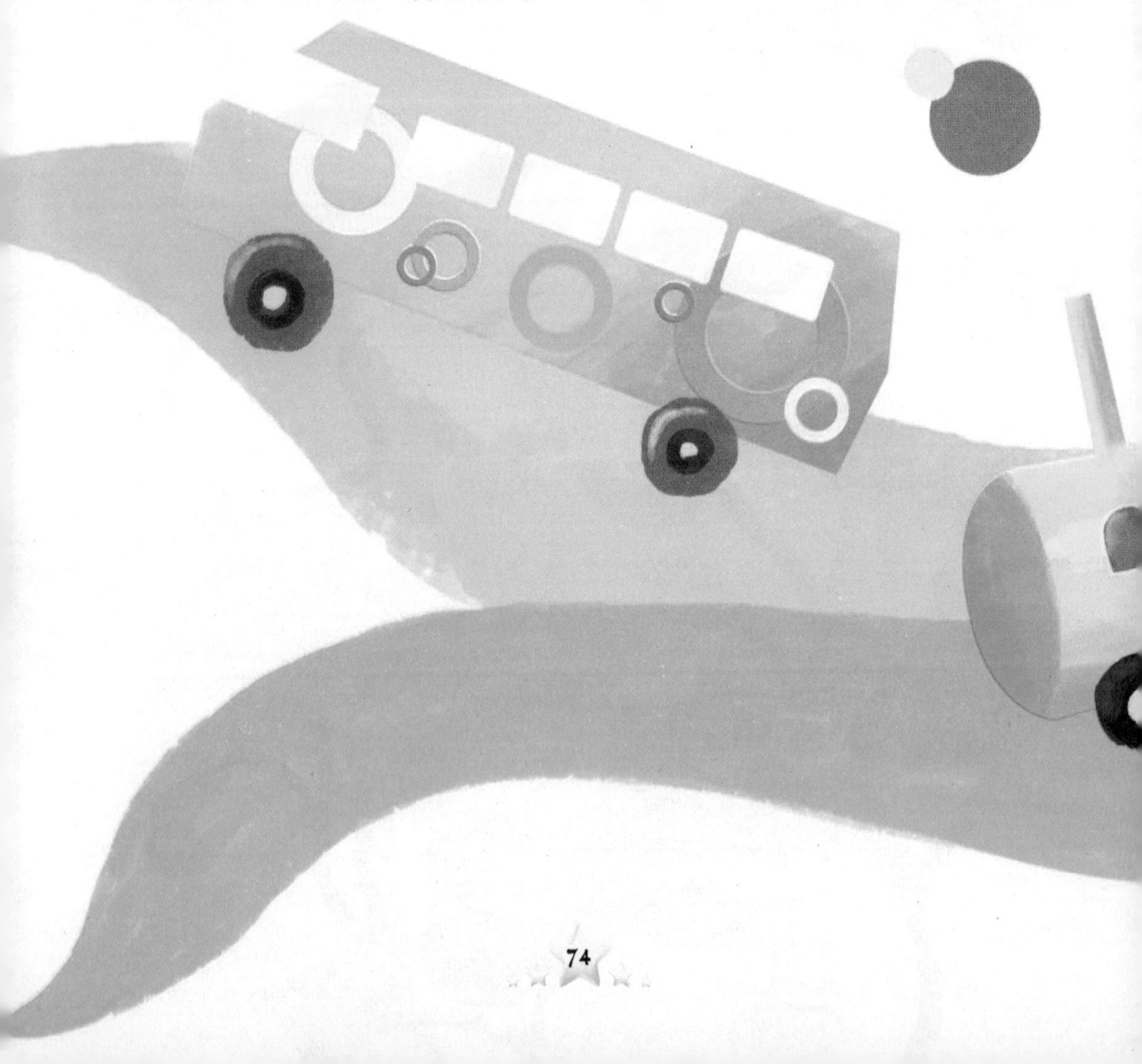

我又长高了一截

6月21日 周四 晴

我发现自己又长高了一截，这都要归功于我的茎，是它的努力，我才能长得更高。我的茎在种子萌发时就已经分化出来了，茎对我来说可是非常重要的，不仅决定我会长多高，还是联系根和叶的重要纽带，如果茎出现了问题，我的生命就会受到威胁。小主人，一定要好好保护我的茎啊。

我有了新邻居

6月21日　周四　晴

我旁边又搬来了几位邻居，大家长得可太不一样了。就说那位叫“仙人掌”的小朋友吧，它的茎居然是扁扁的，上面还长着好些刺。它的脾气一定不好，肯定没人喜欢碰它。还有一位叫“兰花”的小朋友，虽然脾气很好，长得也亭亭玉立，可是我努力地找啊找，就是没有找到它的茎在哪里。还是我的茎最好，一眼就能认出来，而且还很柔软，就算不小心被碰到，也不会受到伤害。

我爬得更高了

6月22日　周五　晴

小主人为我量了一下身高，说我已经有 1.5 米高了，我生长的速度真快啊。现在，我每天都会顺着竹竿向上爬一大截。虽然像我一样要扶着东西才能向上生长的植物还有很多，但是大家的茎却不太一样，攀爬的方式也各不相同。例如，我是缠绕着竹竿向上生长，而爬山虎的茎上长有一些小小的吸盘，用吸盘吸住物体向上攀爬。还有黄瓜和葡萄，它们的茎上长着许多细细的卷须，靠这些卷须紧紧抓住其他物体向上攀爬。

我的叶子向太阳

6月23日　周六　晴

我发现叶子总是向着太阳方向生长。这样可不对啊，一边重、一边轻，我长得就不好看了。好在小主人也注意到了这个问题，把我的花盆转了个方向，使原来没有朝向太阳的一面晒到了太阳。他说，我的叶子很快就会像原先一样分布均匀了。我有时甚至觉得自己太神奇了，天生就知道，根向下生长，茎向上生长。为什么呢？小主人说，这是因为地球具有引力的缘故，如果在太空，我的根和茎就不一定像现在这样生长了。我好想去太空看看，一定很有意思吧。

我会长得更高

6月24日 周日 晴

今天，外面一直在下雨，我提不起精神，没有向上爬的力气。小主人说，这是缺少某种激素的表现。据说，植物生长需要很多种激素，这些激素无论缺少了哪一种，都会让植物的发育不健康。小主人还说，影响我长高的激素叫“赤霉素”，这种激素能促进我茎的伸长。小主人将赤霉素溶解到水里，给我喷了一些。小主人，谢谢你，我会努力长高的。

赤霉素

掐尖很痛吗

6月25日 周一 晴

早晨起来，我发现自己又长高了，可以看到更远的地方了。前几天搬到我旁边的番茄说它能一直长下去，可是小主人却把它最高的那段主枝掐断了。小主人说，这是为了让番茄长出更多的分枝，结出更多的果实。他还说，只有一些植物具有这样的特点，即使把我茎最上面的一段掐断，我也不会长出很多分枝。好吧，那就让我继续长高吧！

天气好冷啊

6月26日　周二　大风

今天天气真的是太糟糕了。早晨起来外面还是晴空万里，天气闷热，一上午我都在不停地流汗，可是从中午开始就变得阴云密布了，还刮起了阵阵狂风。风越刮越大，小主人出门时忘记了关窗户，我现在只好紧紧地抓住竹竿，与狂风作顽强的斗争。气温变得越来越低，最终下起了倾盆大雨。我就这样在上午热、下午冷中度过了一整天。可千万别感冒啊！

我不喜欢下雨

6月27日 周三 雨

最近一段时间，每天都在下雨，空气中掺杂着雨水的味道，很久都没有看见太阳了。最近小主人没有给我浇水，我也不渴。除了我的根能喝水外，我的叶子也能喝水，没有太阳的照射，叶子喝的水已经足够了。虽说这种坏天气还不至于让我生病，但总是阴天，还是让我无精打采，叶子也没有了生机，头都快抬不起来了。太阳，快点儿出来吧，我好想念你啊！

我的花芽正在分化

6月28日　周四　晴

今天天气不错，我站在阳台上欣赏着外面的景色。花园中的树早已披上了绿装，满园的玫瑰开出五彩缤纷的花，有红的、黄的、粉的，还有复色的。各种颜色的花朵在绿叶的映衬下，引来小朋友们的赞叹和我的羡慕。花园边上一丛丛的黄刺玫也含苞待放了，一个个小小的花蕾好像随时都准备绽开似的。急性子的桃花早已开过了，枝上已隐约可见小小的果实。我还是老样子，一直在长高，长出了新的叶子。我什么时候才能够开花呀？

我的邻居开花了

6月29日　周五　晴

住在我旁边的豌豆开花了。它的花朵是淡粉色的，五片花瓣排列在一起，看起来就像是一只小蝴蝶，非常有意思。另一边的番茄也开花了，它的花朵是黄色的，花筒很短，几枚裂片向四周扩展。油菜的花瓣也排列得很有意思，它们是四片，排列成整齐的十字形。还有蒲公英的花，它有很多枚花瓣，整齐地排成一圈。我的花儿会是什么样子呢？

我长出了花蕾

6月30日　周六　晴

早晨醒来，我发现叶子和茎的连接处长出了一小段花梗，花梗上还长出了一个小小的花蕾。小花蕾鼓鼓的，前端紧紧包在一起，在绿叶之间探头探脑。小主人，你快来看啊，我要开花了！不知道我会开出什么颜色的花，是像桃花那种淡淡的粉色，还是像向日葵那种金黄色。

我开花了

7月1日　周日　晴

今天是个特殊的日子，我开花了！我的花像一个小喇叭，小主人干脆叫我“喇叭花”。其实，我倒觉得花的样子更像是一个漏斗，下部是筒状，向上渐渐扩展成漏斗状。它看起来好像只有一片花瓣，其实是由好几片花瓣组成的，得仔细看才能看清楚。我本来就是一个喜欢早起的孩子，我要坚持下去，每天准时起床，吹起我的小喇叭。小主人，你也要早睡早起，和我一起健康地成长。

我长出了花蕊

7月2日 周一 晴

我的花筒很长，花蕊和花柱就藏在花筒里。花蕊分为雄蕊和雌蕊，不认真看，还真不容易找到它们。植物品种不同，花蕊也不一样。有些植物有很多雄蕊，有些植物却不多，我就有5枚不等长的雄蕊。我的雄蕊由花丝和花药两部分组成，花丝的基部上生着一些细细的柔毛。我只有一枚雌蕊，它比雄蕊高出一点点儿，在花蕊中很显眼。

我长出了花粉

7月5日 周二 晴

今天，我的雄蕊上出现了许多粉末，小主人也发现了，端详了这些粉末很长时间。我想啊想，想了半天才记起来这些粉末是从哪里来的。这些粉末是由花药产生的，虽说看起来不太起眼，但却决定着我能否结出种子。花粉是种子植物所特有的，不能产生种子的植物是没有花粉的。小主人，我们要一起好好地爱护它们！

小蜜蜂为我传粉

7月9日 周一 晴

今天天气晴朗，我的心情也格外好。上午，有一只小蜜蜂来到我的花筒里做客，它一定是被我的花蜜吸引来的。它在我的花筒里停留了一会儿，小心翼翼地收集着花蜜，弄得我痒痒的，然后又飞向另一朵花。等它飞向另一朵花时，就会把我的花粉带了过去，无意间起到传粉的作用。我要多攒一些花蜜，下一次好好招待它。

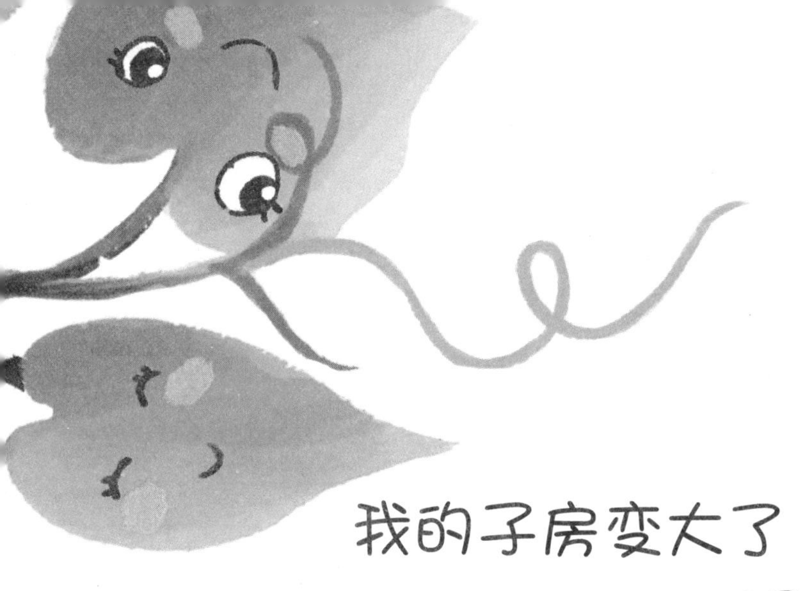

我的子房变大了

7月12日　周四　晴

最早开放的几朵花都蔫了，枯萎的花瓣无精打采地挂在小小的子房上。我的子房是嫩绿色的，外面很光滑。它现在越长越胖，已经是圆溜溜的了。几枚萼片紧紧地包裹着子房，使它免受风吹日晒。子房裂成三瓣，里面正孕育着我的宝贵种子。

我长出了果实

7月20日　周五　晴

轻风徐徐吹来，空气也失去了往日的燥热。我惬意地随风摇荡，真舒服啊。到了这个季节，我的花已谢得差不多了，只有两朵晚开的花还挂在枝头。所有的子房现在都已经变得圆滚滚的，颜色也更深了一些，结实了不少。我能感觉到，原来厚厚的子房壁正在慢慢地变薄，茎和叶子也变成了深颜色。也许这就是成熟的表现吧。小主人，我已经长大了，你也要加油啊！

我的种子长大了

7月29日　周日　晴

天气慢慢凉爽了起来，藏在果实中的种子也慢慢长大了。种子是由胚珠形成的，最重要的部分就是胚。为了给胚提供营养，胚的外面包裹着厚厚的一层胚乳，外面是种皮。我的种子现在还是淡淡的乳白色，非常娇嫩，在果实中悄悄地成长着。种子是我生命的延续。

我变老了

8月27日　周日　晴

今天天气晴朗，但气温却很低，最近几天都是这样，而且一天比一天低。我的茎、叶和果实都没有了往日的绿色，和邻居们一样开始变黄。黄色看起来远不如绿色那么充满生机活力，可小主人却说，黄色代表着成熟，是收获的颜色，应该高兴。我怎么也高兴不起来，对于植物来说，秋天真是一个伤感的季节！

我的叶子掉了

9月17日　周一　大风

忽然刮起一阵大风，我的几片叶子没有坚持住，被风刮到看不见的地方去了。不只是我，邻居们的叶子也被刮落了许多，零零散散地铺了一地。一些植物的果实也被风吹落。成熟的皂荚果好像长了两片翅膀，随风飞舞。小主人摘下一只毛茸茸的蒲公英花朵，轻轻一吹，小小的蒲公英果实飘飘荡荡地向着远方飞去。好在我的果实长得还算结实，仍牢牢地抱在茎上。

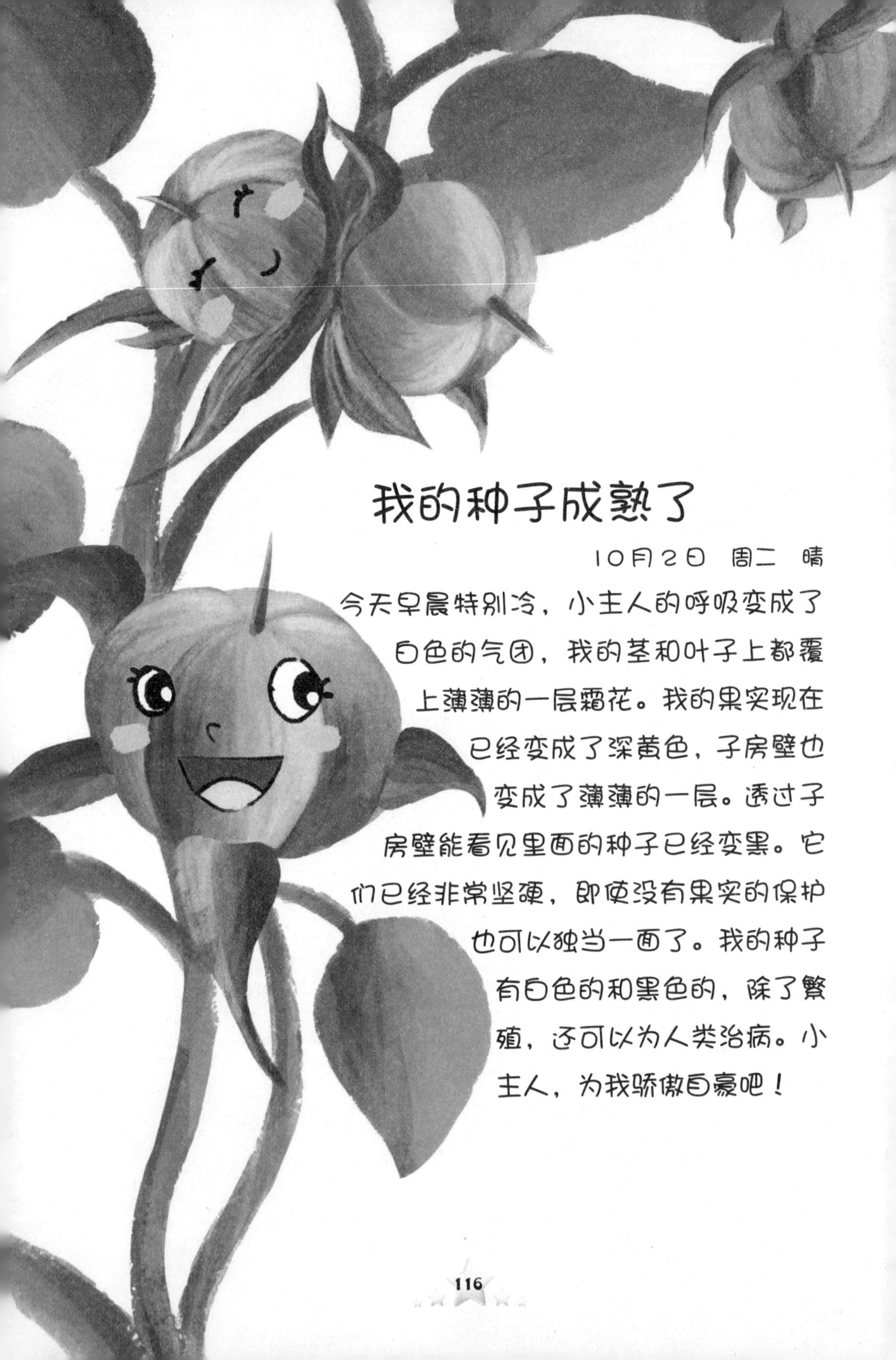

我的种子成熟了

10月2日　周二　晴

今天早晨特别冷，小主人的呼吸变成了白色的气团，我的茎和叶子上都覆上薄薄的一层霜花。我的果实现在已经变成了深黄色，子房壁也变成了薄薄的一层。透过子房壁能看见里面的种子已经变黑。它们已经非常坚硬，即使没有果实的保护也可以独当一面了。我的种子有白色的和黑色的，除了繁殖，还可以为人类治病。小主人，为我骄傲自豪吧！

我的种子被摘走了

10月15日 周一 晴

花园里已是一片金黄色，小主人的脸上挂着笑容。我却怎么也高兴不起来，更不用说去欣赏丰收的景色。我的茎已变得光秃秃的，仅存的几片叶子也全无生机，等待被风刮落。小主人摘掉我身上的果实，放到阳光下，经过一个上午，又小心翼翼地把果实搓碎，捡出其中的种子。

我要开始睡觉了

10月16日 周日 晴

我昏昏欲睡，也许这就是生命将要结束的前奏吧。花园里的好多植物也都脱去了绿装，打起了瞌睡。和动物冬眠一样，有很多植物也要在冬天好好睡上一觉，第二年春天才能重现生机，露出美丽的笑颜。我虽然不能像这些植物一样在明年春天苏醒，但是我的种子却会在明年春天发芽成长。小主人，我们明年再见吧！